BEI GRIN MACHT SICH IHR WISSEN BEZAHLT

- Wir veröffentlichen Ihre Hausarbeit,
  Bachelor- und Masterarbeit

- Ihr eigenes eBook und Buch -
  weltweit in allen wichtigen Shops

- Verdienen Sie an jedem Verkauf

Jetzt bei www.GRIN.com hochladen und kostenlos publizieren

Linda Schaumburg

Die asiatischen Tiger und die Asienkrise

Zwei Seiten der Globalisierung

GRIN Verlag

Bibliografische Information der Deutschen Nationalbibliothek:

Die Deutsche Bibliothek verzeichnet diese Publikation in der Deutschen National-
bibliografie; detaillierte bibliografische Daten sind im Internet über http://dnb.d-
nb.de/ abrufbar.

Impressum:

Copyright © 2007 GRIN Verlag, Open Publishing GmbH
Druck und Bindung: Books on Demand GmbH, Norderstedt Germany
ISBN: 978-3-656-25257-3

Dieses Buch bei GRIN:

http://www.grin.com/de/e-book/198658/die-asiatischen-tiger-und-die-asienkrise

GRIN - Your knowledge has value

Der GRIN Verlag publiziert seit 1998 wissenschaftliche Arbeiten von Studenten, Hochschullehrern und anderen Akademikern als eBook und gedrucktes Buch. Die Verlagswebsite www.grin.com ist die ideale Plattform zur Veröffentlichung von Hausarbeiten, Abschlussarbeiten, wissenschaftlichen Aufsätzen, Dissertationen und Fachbüchern.

Besuchen Sie uns im Internet:

http://www.grin.com/

http://www.facebook.com/grincom

http://www.twitter.com/grin_com

Johannes Gutenberg-Universität Mainz
Geographisches Institut
Einführungsübung Humangeographie II: Wirtschaftsgeographie
SoSe 2007

2 Seiten der Globalisierung
- Die asiatischen Tiger und die Asienkrise

Inhaltsverzeichnis

Warum sollte dieser Apfel stets senkrecht
zu Boden fallen, dachte [Sir Isaac Newton] sich.
Warum sollte er sich nicht seitlich oder nach oben bewegen,
sondern fortwährend nur auf das Zentrum der Erde zu?

William Stukely, Memoirs of Sir Isaac Newtons Life, 1752
Zitiert nach: PATTEN 1998:139

1. Zwei Seiten der Globalisierung

(Süd-) Ostasien stand seit den 1980ern für eine erfolgreiche Wirtschaftsentwicklung und war anderen Schwellenländern ein Musterbeispiel. Schätzungen der Weltbank von 1996 gingen sogar soweit, dass bis 2020 sieben der zehn führenden Industrienationen in Asien liegen werden. Völlig unerwartet wurde mit der Asienkrise im Juli 1997 diese Entwicklung gebremst und die betroffenen Länder mussten erfahren, dass die Globalisierung nicht nur Positives mit sich bringt. Sie breitete sich von Thailand aus über mehrere Länder der Region und noch darüber hinaus aus. Ende des Jahres erreichte sie die Schwellenländer Lateinamerikas, insbesondere Brasilien, aber auch Transformationsländer wie Russland und der Ukraine. Die Krise war hier in Form von Zinserhöhungen und heimischer Währungsabwertungen spürbar (vgl. GANS, FRIEDEWALD, SCHILLER: 5).

Das wirft die Frage auf:

Warum kommt es gerade in den aufstrebenden asiatischen Ländern zu einer derartigen Krise?

In meiner Hausarbeit setze ich dabei Thailand in den Mittelpunkt der Betrachtung, da hier die Krise ihren Ursprung fand und außerdem, zusammen mit Indonesien, am stärksten betroffen war.

2. „(East) *Asian Miracle*"

Anfang der 1980er machten sich in Ländern Südost- und Ostasiens größtes Wirtschaftswachstum bemerkbar. In den sogenannten Tigerstaaten, welche auch unter den Begriff Newly Industrialized Countries (NIC) fallen, wurde sowohl die 5%-Marke der Weltbank als Mindestwachstumsrate für Schwellenländer als auch die Einkommensgrenze von 1000 US-$ überschritten. Zu diesen Ländern gehören Taiwan, Südkorea und die Stadtstaaten Singapur und Hongkong (vgl. WESSEL 1998:156).

Im Sinne der Modernisierungstheorie wurde versucht, eine stabile Wirtschaft aufzubauen und diese dann in den Weltmarkt einzubinden, um sich so vom Status eines EL zu lösen (vgl. KRAAS 1998:142/143). Neben dem hohen Wirtschaftswachstum, sind ihnen eine überproportionale Exportexpansion (vgl. Abb. 1) sowie die Verbesserung des Lebensstandards gemein. Dazu gehören zum Beispiel eine höhere Lebenserwartung, deutlich weniger Armut, geringe Einkommensdisparität. Auch das Bildungsniveau steigt, dadurch auch die Zahl der Universitäten, an denen hochqualifizierte Arbeitskräfte ausgebildet werden.

Weitere asiatische Länder, die ein relativ hohes Wirtschaftswachstum zu verzeichnen haben, fallen unter die Kategorie der Newly Industriali*zing* Countries (NIE). Andere Begriffe sind Pantherstaaten oder auch Tiger der 2. Generation. Dazu werden Thailand, Malaysia, Indonesien und die Philippinen gezählt.

Die Faktoren, die zu dem Wirtschaftswachstum dieser neuen Industrieländer führten, lassen sich in intern und extern gliedern.

2.1 Interne Einflussfaktoren

Der Staat hat großen Einfluss auf das Wirtschaftsgeschehen, es herrscht eine enge Kooperation zwischen Politik und Wirtschaft. Exportförderungsmaßnahmen, Importrestriktionen und Investitionsanreize sind die bedeutendsten staatlichen Maßnahmen (Wessel 66).

Es kommt zu einem Strukturwandel des Industriesektors: Produktdiversifizierung und qualitative Aufwertung der Produkte führen mit steigendem Volkseinkommen zu einer Tertiärisierung; vor allem in den 1990ern kommt es zur Intensivierung von FuE. Das macht sich an dem Rückgang des Industriebeschäftigtenanteils und dem Rückgang der Industrie am BIP bemerkbar. In Hongkong geschah die Auslagerung von Industrieproduktionen bereits in den 1980ern. Die Stadtstaaten Hongkong und Singapur nehmen die Funktion von Handels- und Dienstleistungszentren ein (vgl. Wessel 1998:158/159).

Weitere Faktoren, die sich günstig auf die Entwicklung auswirkten, können unter dem vielzitierten Begriff der „Asian values" zusammengefasst werden: Ressourcenausstattung, relative innenpolitische Stabilität mit strengen hierarchischen Strukturen, geringer Staatsverbrauch mit hoher Sparquote und kaum Schwarzmarktaktivitäten, große Bedeutung familiärer Bindungen, Ausbau der Infrastruktur. Die hohe Verstädterungsrate führt zu einer steigenden Nachfrage im Dienstleistungsbereich. Auch die Tourismusbranche expandiert, dies bringt hohe Devisengewinne ein und führt zu einer allgemeinen Imageförderung (vgl. HUSA, WOHLSCHLÄGER 1999:210).

2.2 Externe Einflussfaktoren

Der Wirtschaftsboom wurde ausgelöst durch Umstrukturierung der internationalen Arbeitsteilung in der Zeit der Fordismuskrise. In den 1970ern verlagerten sich im Rahmen der Regulationstheorie arbeitsintensive Fertigungsschritte mit niedrigem Know-how in Entwicklungsländer aufgrund des niedrigen Lohnniveaus. Das Management und die Fertigung technologisch hochwertiger Produkte wurden in die Zentren der Industrieländer verlagert. Exportorientierung und liberale wirtschaftliche Rahmenbedingungen, wie der Abbau von Zöllen und anderen Handelsschranken, begünstigen ausländische Direktinvestitionen. Investoren können so unmittelbar Einfluss auf die ökonomischen Tätigkeiten im Zielland nehmen (vgl. Kulke: 211).

Auch die Räumliche Nähe zu Japan stellte sich als positiver Faktor heraus, vor allem hinsichtlich der enormen Ausweitung des intraregionalen Handels. Man unterscheidet hierbei zwischen Kapital- Güter und Importverflechtungen. Dabei muss auf die wichtige Rolle Japans als Hauptkapitalgeber und auch als Exporteur/ Importeur verwiesen werden (vgl. Tab Waldenberg).

In diesem Zusammenhang ist das Flying-Geese-Modell einzubringen, man spricht auf von einem „Aufholenden Produktzyklus" (vgl. WESSEL 1998:68/69).

Führende Industrienationen bringen durch technologische Innovationen neue Zyklen hervor und geben bestimmte Produktionsschritte an weniger entwickelte Länder ab, um selbst kapitalintensiver produzieren zu können. Dies bildete die Voraussetzung für EL, um die eigene Industrialisierung voranzutreiben. Über die Hälfte der Industrieproduktion ist auf den intraregionalen Handel gerichtet. In dem vorliegenden Beispiel fungiert Japan als Leitgans, die Tigerstaaten folgen. Ihnen ziehen wiederum weniger entwickelte Länder (hier: Malaysia, Thailand) nach (vgl. KULKE :206 und KRAAS 1998:141).

3. Die Asienkrise

3.1 Ursachen

3.1.1 Mangelnde Funktionalität des Finanzsektors

Ein gut funktionierender Finanzsektor ist die Voraussetzung für die wirtschaftliche Stabilität eines Landes. Dies war bei den asiatischen Staaten eher weniger der Fall. Es waren viele informelle Finanzierungswerke vorhanden, notleidende Kredite mit kurzer Laufzeit wurden im Überfluss gewährt (vgl. KRAAS 1998:146).

Es herrschte kaum Bankenaufsicht, einheitliche Vorschriften fehlten gänzlich. Auch an Transparenz mangelte es. In diesem Zusammenhang taucht oft der Begriff „crony economy" oder gar „crony capitalism" auf. Darunter versteht man Korruption und Günstlings-/ Vetternwirtschaft, die eben durch die geringe Transparenz im Finanzsektor ermöglicht wurden (vgl. WEDER 1999:111-114).

Vielfach kommt es zu dem sogenannten „moral-hazard" – Verhalten, bei dem das Ergebnis einer Aktion nicht für alle Beteiligten gleichermaßen offensichtlich ist. Hierbei trägt das Risiko des Kapitalverlusts der Kreditgeber, welcher, hätte er von dem Risiko gewusst, vielleicht anders gehandelt hätte (vgl. BERENSMANN 22/23).

Es wird vermutet, dass gerade korrupte Systeme entscheidende Informationen vor Investoren lange Zeit versteckt hielten, und als eben diese bekannt wurden ein großer Vertrauensverlust entstand.

Aus diesem Hintergrund heraus kann die Krise somit als größtenteils selbstverschuldet („mainly homegrown") betrachtet werden (vgl. HUSA 1999:221).

Vgl. Berensmann 6-9 und Rieger 25

3.1.2 Externe Einflussfaktoren

In den 1990ern führten steigende Löhne in den NIC Südostasiens vermehrt zu der Verlagerung von arbeitsintensiver Produktion in andere Entwicklungsländer. Dadurch kam der „Mechanismus der Niedriglohn-Konkurrenz hier zum Stillstand und die Länder gerieten unter einen enormen Anpassungsdruck" (vgl. Schamp). Die sich anfangs positiv ausgewirkte Finanzliberalisierung gereichte nun aufgrund der steigenden Löhne zum Nachteil: Exporte gehen zurück. Im Gegensatz zu dem weiter vorne genannten „Aufholenden Produktzyklus" steht die (räumliche Variante der) Produktzyklustheorie von R. Vernon (1966). Sie versucht internationale Standortverlagerungen in Bezug auf den technischen Fortschritt eines Produkts zu erklären. Grundannahme hierbei ist der Alterungsprozess eines Produkts. Produkte können ständig durch neuere, verbesserte verdrängt werden, wodurch sich Produktgestaltung sowie Produktions- und Absatzbedingungen verändern (vgl. Wessel 1998:68).

Nach Aufgabe des Systems fester Wechselkurse Mitte der 1970er und der Verlagerung der Finanzströme breitete sich das private Bankengeschäft stark aus, es entstehen sogenannte off-shore-Zentren sowie Steueroasen. Dies wurde bei den südostasiatischen Staaten durch die lockere Kreditvergabe ohne ausreichende Risikoprüfung und die inaktive Bankenaufsicht begünstigt und trug gerade durch eine weitere Liberalisierung des Finanzsystems Anfang der 1990er zur Entstehung Asienkrise bei. Der Anteil an ADI und somit auch der Devisenhandel sowie spekulative Finanztransaktionen stiegen - die asiatischen Länder wurden zunehmend abhängig vom Ausland.

Man kann die Asienkrise aus diesem Blickwinkel heraus auch als Folge der strukturellen Schwächen im globalen Finanz- und Währungssystem sehen (vgl. NUHN) (vgl BÜNTE 2001:138-140).

3.1.3 Von der Zahlungsbilanz

Aufgrund von Einkommenszuwächsen kommt es aber auch zu einer gesteigerten Inlandsnachfrage. Wenn dann die Importe die Exporte übersteigen, können die Importe nicht mehr allein durch Exporterlöse finanziert werden. Im Beispiel Thailand wurde daraufhin versucht die fehlenden Einnahmen durch günstige Kredite aus dem Ausland auszugleichen. Das dadurch entstandene Leistungsbilanzdefizit und der Überschuss der Kapitalverkehrsbilanz, auch als „Auslandsersparnis" bezeichnet, führen zu einer zunehmenden Auslandsverschuldung, die in Thailand von 1991 bis 1996 von ca. 30 auf 70 Mrd. US-$ stiegen. Ein Großteil, ca. 75%, der Auslandsschulden waren kurzfristig. Die Anlage im Immobiliensektor erfolgte aber langfristig, was letztendlich zum Platzen der sogenannten Seifenblasenwirtschaft führte (siehe Kapitel 4.1.5). Das kurzfristige Auslandskapital war in den 1990er so hoch, dass trotz des hohen LBDs der Devisenbestand der thailändischen Zentralbank wuchs (vgl. GANS 6-9).

Da mehr Devisenabflüsse- als zuflüsse vorliegen, herrscht zusätzlich ein Devisenbilanzdefizit. Aus dem LBD und der Auslandsersparnis ergibt sich der heimische Finanzierungssaldo (vgl. Abb.) (vgl. BERENSMANN 14ff).

3.1.4 Schwächen im Unternehmenssektor

Viele der ungeprüften Kredite wurden an Unternehmen gegeben, die oftmals auf dem Immobilienmarkt aktiv waren. In Korea stechen die Schwierigkeiten großer Konglomerate hervor, die „infolge von Fehlinvestitionen und allgemeiner Wirtschaftsabschwächung" (nach: Gans, Friedewald, Schiller:11) teilweise einen richtigen Zusammenbruch erlitten. Als Beispiel gilt hier die Zahlungsunfähigkeit von Hanbo und Sammi Steel im Februar/ März 1997, die gleichzeitig auch als Vorbote für die Asienkrise angesehen wird.

3.1.5 Boom im Bausektor und Bubble Economy

Vor allem in Thailand führte die starke Auf- bzw. Überbewertung des Bahts durch steigende Kapitalimporte, also der Erhöhung der Geldmenge, und der Bindung an den US-$ zu hohen Gewinnerwartungen. Zusammen mit den günstigen Preisen von Grund und Boden führten sie zu einer starken Expansion im Bausektor. Statt, wegen fehlender Solidität des Bankensektors vorsichtig zu sein, floss immer mehr ausländisches Kapital als langfristige Anlage in unproduktive Investitionen. Es wurde im Überfluss produziert und gebaut, so dass es schließlich zum Leerstehen von Wohn- aber auch Bürogebäuden kam. Hinzu kamen Investitionen in unrentable prestigeträchtige Großprojekte, wie moderne Hochhäuser, Flughäfen, imposante Staudämme und anderes. Sie sollten einerseits den Wohlstand, andererseits die Funktionalität zeigen. Bestes Beispiel hierfür sind die Petrona Towers in Kuala Lumpur (vgl Kraas 147).

Inländische (private) Unternehmen hatten sich stark verschuldet und mussten Kredite aufnehmen. Durch den dramatischen Wertverlust von Immobilien kam es zu einer Insolvenzwelle im Immobiliensektor. Die Konkurse im (thailändischen) Immobiliensektor betrafen auch immer die jeweiligen Finanzinstitute. Banken konnten kurzfristige Auslandskredite nicht mehr bedienen, auch hier kam es zu einer Insolvenzwelle und schließlich zu einer Banken-/ Finanzkrise (tERBERGER:33/34 und HUSA 1999:221 und RIEGER: 28 sowie RIEGER 72 in gans). Da die thailändische Währung, wie auch der indonesische Rupiah und der malaysische Ringhit, an den US-$ gekoppelt war, wurden Wechselkursrisiken als gering eingestuft und das Vertrauen der Investoren weltweit wuchs (vgl. Rothermund 26). Dies erschien zwar anfangs positiv, da es den Zustrom ausländischen Kapitals mit sich zog – allerdings hatte dies die Ausweitung des Kapitalverkehrsüberschusses zur Folge. Der große Nachteil der Bindung an den US-$ wird darüber hinaus durch die Überbewertung der Inlandswährung verdeutlicht. Es folgt eine Verschiebung der Ressourcen aus dem Sektor der gehandelten in den der international nicht gehandelten Güter. Als der Dollarkurs dann auch noch anstieg verteuerten sich die Auslandskredit und die betroffenen Banken gerieten in Rückzahlungsprobleme. Die Seifenblase war geplatzt und es war eine negative Spiralentwicklung entstanden (vgl. WESSEL 70).

3.2 Verlauf der Krise

Anfang des Jahres 1997 kam es erstmals zu deutlichen Abwertungen des thailändischen Bahts. Aus Angst vor möglichen Zinsänderungen und im Anbetracht der hohen Auslandsverschuldung trauten internationale Investoren den instabilen Verhältnissen nicht mehr und zogen große Kapitalmengen aus Südostasien ab.

Im Mai/ Juni 1997 kam es dann zu einer erneuten großen Spekulationswelle gegen den Baht. Die thailändische Zentralbank (10 Mrd. US-$) aber auch Singapur versuchten durch Stützungskäufe das Schlimmste zu verhindern. Maßnahmen der Regierungen, wie die Einführung eines hohen Zinssatzes, um den Kapitalabfluss zu bremsen, blieben erfolglos (vgl. RIEGER: 20).

Am 2.7.1997 folgte die Entkopplung des Bahts vom Dollar, die angesichts des hohen Kapitalabflusses nicht mehr zu halten war (vgl. Gans). Es kam zu einem drastischen

9

Wertverfall und zur Schließung von zunächst 16, später 42 Banken und Finanzinstituten. Hinzu kamen Kurseinbrüche an der Börse. Die Auslandsschulden, welche in US-$ nominiert sind, haben sich nach der Abwertung der Inlandswährung zusätzlich noch erhöht.

Zwischen Juli und Oktober desselben Jahres steckte die Krise der Reihe nach Malaysia, Singapur, Indonesien, Hongkong, Taiwan und Südkorea an. Die Kopplung der heimischen Währungen an den Dollar, sowie ein unsolides Finanzsystem, stellt bei diesen Staaten das Bindeglied dar. Auch hier wurden die Währungen im Verlauf der Krise stark abgewertet, in manchen Fällen auch freigegeben.

Die Philippinen und auch die asiatischen Transformationsstaaten (Kambodscha, Laos, Myanmar/ Birma, Vietnam) waren kaum betroffen, da sie weniger kurzfristige Kredite aus dem Ausland bezogen hatten und geringere innerasiatische Verflechtungen aufwiesen.

Bereits am 28.7.1997 rief Thailand den IWF um Hilfe.

Soziale Folgen der Asienkrise wie Arbeitslosigkeit, Lohnsenkungen, Preissteigerungen, soziale Unruhen, gesunkenes Bildungsniveau blieben nicht aus (vgl Rieger 25 und Rothermund 23ff).

4. Die Rolle des IWF

Zwar wurde der International Währungsfonds erst mit Gesuchen der jeweiligen Regierungen tätig. Seine Auflagen verschärften die Krise in Asien jedoch zusätzlich. Südkorea, Thailand und Indonesien erhielten zusammen über 100 Mrd. US-$, allerdings machten dabei die Kreditmittel des Fonds nur ca. 31% aus. Der IWF übernahm so außerdem noch die Rolle eines „Wegbereiters" für Kredite multi- und bilateraler Geber. Ohne Zustimmung des IWF wurden keine Finanzhilfen anderer Geber gestattet (vgl. DIETER 1998:75 und DIEHL, NUNNENKAMP:7ff).

4.1 Kritik

Allem voran stellt sich die Frage, warum sich der Fonds überhaupt für die größtenteils von privaten Akteuren verursachte Krise zuständig fühlte, beziehungsweise, warum ein Maßnahmenpaket derartigen Ausmaßes gewählt wurde (vgl. Berensmann 45).

Dem IWF wird vorgeworfen, sich nicht auf seine ursprünglichen Statuen, wie der Stabilisierung von Währungen, berufen und eher eine Art Strukturpolitik betrieben zu haben. Es wurde sich auf andere Maßnahmen, wie den Reformen des Finanzsektors, konzentriert. Dazu gehören u.a. die Senkung der Staatsausgaben, Steuer- und Zinserhöhungen. Insbesondere die Kürzung von Ausgaben für Infrastrukturprojekte erscheint fragwürdig, ist die Beseitigung von Engpässe in der Infrastruktur doch eigentlich zu begrüßen.

Außerdem hat man schon durch die vergeblichen Versuche seitens der thailändischen Zentralbank und anderer Akteure erkennen müssen, „dass Zinserhöhungen Spekulationen gegen Währungen nicht verhindern können" (zitiert nach: Dieter 1998: 119).

5. Fazit

Alle betroffenen Länder wiesen starke Schwächen im Finanzsektor auf; viele Banken und Unternehmen waren hoch verschuldet. Zwar hätten diese Ursachen schon viel früher realisiert werden müssen, dennoch waren die Reaktionen der Investoren übertrieben und verschärften die Krise. An dem südostasiatischen Beispiel lässt sich deutlich zeigen, wie durch die engen wirtschaftlichen Beziehungen innerhalb Ost-/ Südostasiens aber auch mit Industrieländern und durch die so entstandenen Abhängigkeiten, die Krise leicht, von Thailand aus, auf andere Länder der Region übergreifen konnte. Zu jeder Zeit sind die Auswirkungen des globalen Handels deutlich. Einerseits bildete es die Voraussetzung für den Aufschwung der südostasiatischen Staaten und deren rasantes Wirtschaftswachstum, andererseits wurde die Krise durch den plötzlichen Abzug ausländischen Kapitals und die starre, unflexible Bindung an den Dollar verschärft, wenn nicht gar ausgelöst.

6. Literaturverzeichnis:

BERENSMANN, K. und N. SCHLOTTHAUER (1998): Asiatische Währungs- und Finanzkrise. Ursachen, Auswirkungen und Lösungsansätze (= Beiträge zur Wirtschafts- und Sozialpolitik 245). Köln.

DIEHL, M. und P. NUNNENKAMP (2001): Lehren aus der Asienkrise. Wirtschaftspolitische Reaktionen und fortbestehende Reformdefizite (= Kieler Diskussionsbeiträge 373). Kiel.

DIETER, H. (1998): Die Asienkrise. Ursachen, Konsequenzen und die Rolle des Internationalen Währungsfonds. Marburg.

RIEGER, H. C. (o.J.): Erscheinungsbild und Erklärungsmuster der asiatischen Wirtschaftskrise. In: SCHUBERT, R. (Hrsg.) (2000): Ursachen und Therapien regionaler Entwicklungskrisen – das Beispiel der Asienkrise (= Schriften des Vereins für Socialpolitik 276). Berlin: 17-36.

GANS, O., E. FRIEDEWALD und A. SCHILLER (): Erscheinungsbild und Erklärungsmuster der Asienkrise. In: GANS, O. und E. FRIEDEWALD (1999): Die südostasiatische Wirtschaftskrise. Diagnosen, Therapien und Implikationen für Südasien (= Beiträge zur Südasienforschung 185). Stuttgart: 1-24.

HUSA, K. und H. WOHLSCHLÄGL (o.J.): Vom „Emerging Market" zum „Emergency Market". Thailands Wirtschaftsentwicklung und die „Asienkrise". In: PARNREITER, C. (Hrsg.) (1999): Globalisierung und Peripherie. Umstrukturierung in Lateinamerika, Afrika und Asien (=Historische Sozialkunde 14). Frankfurt am Main: 209-215.

HWANG, S. (2003): Region Ostasien. Struktur und Krise der Macht Japans. Bremen.

KRAAS, F. (1996): Thailand – ein Newly Industrialized Country? Die industrielle Entwicklung seit Ende der Achtziger Jahre. Zeitschrift für Wirtschaftsgeographie 40 (4): 241-257.

KRAAS, F. (1998): Determinanten der jüngsten Wirtschaftsentwicklung in Südostasien. Kritische Anmerkungen zum Asian Miracle und zur „Asienkrise". Zeitschrift für Wirtschaftsgeographie 42 (3-4): 139-154.

WEDER, B. (1999): Model, Myth, or Miracel? Reassessing the Role of Governments in the East Asian Experience (=The United Nations University Press). Tokyo, New York, Paris.

WESSEL, K. (1998): Wirtschaftsdynamik und intraregionale Integration in Ost/ Südostasien. Zeitschrift für Wirtschaftsgeographie 42 (3-4): 155-172.

7. Bibliographie

BERENSMANN, K. und N. SCHLOTTHAUER (1998): Asiatische Währungs- und Finanzkrise. Ursachen, Auswirkungen und Lösungsansätze (= Beiträge zur Wirtschafts- und Sozialpolitik 245). Köln.

BERGER, M. T. (1997): The rise of East Asia. Critical visions of the Pacific century. London, New York.

BÖTTCHER, S. (1999): Kulturelle Unterschiede – Grenzen der Globalisierung: ein Vergleich zwischen dem Westen und Ostasien (= Schriftenreihe des IFO-Instituts für Wirtschaftsforschung 147). Berlin u.a.

BÜNTE, M. (o.J.): Zwischen Boom und Krise – ökonomische und politische Transformationsprobleme in Thailand. In: BOOM, D. van den (Hrsg.) (2001): Tiger, Jaguare und Elefanten. Ökonomische und politische Aufstiegsprozesse sich entwickelnder Staaten im Vergleich (=Beiträge zur Entwicklungsländerforschung 1). Göttingen: 132-156.

CHUNG, N. (2002): Ursachen der asiatischen Finanzkrise vor dem Hintergrund spekulativer internationaler Kapitalbewegung. Internet: http://nbn-resolving.de/urn/resolver.pl?urn=urn:nbn:de:kobv:83-opus-3918 (25.04.2007).

DIEHL, M. und P. NUNNENKAMP (2001): Lehren aus der Asienkrise. Wirtschaftspolitische Reaktionen und fortbestehende Reformdefizite (= Kieler Diskussionsbeiträge 373). Kiel.

DIETER, H. (1999): Die globalen Währungs- und Finanzmärkte nach der Asienkrise. Reformbedarf und politische Hemmnisse. Duisburg.

DIETER, H. (1998): Die Asienkrise. Ursachen, Konsequenzen und die Rolle des Internationalen Währungsfonds. Marburg.

DOSCH, J. und J. Faust (Hrsg.) (2000): Die ökonomische Dynamik politischer Herrschaft. Das pazifische Asien und Lateinamerika. Opladen.

DRAGUHN, W. (1991): Asiens Schwellenländer: Dritte Weltwirtschaftsregion? Zur wirtschaftlichen Entwicklung der „vier kleinen Tiger" sowie Thailands, Malaysias und Indonesiens (= Mitteilungen des Instituts für Asienkunde Hamburg 195). Hamburg.

DRAGUHN, W. (1993): Neue Industriekulturen im pazifischen Asien. Eigenständigkeiten und Vergleichbarkeit mit dem Westen (= Mitteilungen des Instituts für Asienkunde Hamburg 217). Hamburg.

DRAGUHN, W. (1995): Das neue Selbstbewusstsein in Asien: eine Herausforderung? (= Mitteilungen des Instituts für Asienkunde Hamburg 257). Hamburg.

DRAGUHN, W. (1999): Asienkrise. Politik und Wirtschaft unter Reformdruck (= Mitteilungen des Instituts für Asienkunde Hamburg 308). Hamburg.

GANS, O., E. FRIEDEWALD und A. SCHILLER (): Erscheinungsbild und Erklärungsmuster der Asienkrise. In: GANS, O. und E. FRIEDEWALD (1999): Die südostasiatische Wirtschaftskrise. Diagnosen, Therapien und Implikationen für Südasien (= Beiträge zur Südasienforschung 185). Stuttgart: 1-24.

HUSA, K. und H. WOHLSCHLÄGL (o.J.): Vom „Emerging Market" zum „Emergency Market". Thailands Wirtschaftsentwicklung und die „Asienkrise". In: PARNREITER, C. (Hrsg.) (1999): Globalisierung und Peripherie. Umstrukturierung in Lateinamerika, Afrika und Asien (=Historische Sozialkunde 14). Frankfurt am Main: 209-215.

HWANG, S. (2003): Region Ostasien. Struktur und Krise der Macht Japans. Bremen.

KIM, Y. (1990): Die asiatische Pazifikregion. Entstehung eines neuen Weltwirtschaftsraumes (= Studien der Bremer Gesellschaft für Wirtschaftsforschung e.V. 1). Frankfurt am Main.

KLENNER, W. (2006): Chinas Finanz- und Währungspolitik nach der Asienkrise. Bilanz und Perspektiven der Reformpolitik. Stuttgart.

KÖLLNER, P. (1999): Die Finanz- und Wirtschaftskrise in Südkorea: Ursachen, Auswirkungen und Perspektiven. In: DRAGUHN, W. (Hrsg.): Asienkrise: Politik und Wirtschaft unter Reformdruck. Hamburg: 77-91.

KRAAS, F. (1996): Thailand – ein Newly Industrialized Country? Die industrielle Entwicklung seit Ende der Achtziger Jahre. Zeitschrift für Wirtschaftsgeographie 40 (4): 241-257.

KRAAS, F. (1998): Determinanten der jüngsten Wirtschaftsentwicklung in Südostasien. Kritische Anmerkungen zum Asian Miracle und zur „Asienkrise". Zeitschrift für Wirtschaftsgeographie 42 (3-4): 139-154.

KULKE, E. (2004): Wirtschaftsgeographie (= Grundriss Allgemeine Geographie). Paderborn.

MENKHOFF, L. (1999): Nicht nur ein Finanzdebakel. Zu konkurrierenden Erklärungsansätzen für die Asienkrise. In: Entwicklung und Zusammenarbeit 40 (3): 69-71.

Ohno, Izumi (): Beyond the „East Asian Miracle". An Asian View. ().

PARNREITER, C. (Hrsg.) (1999): Globalisierung und Peripherie. Umstrukturierung in Lateinamerika, Afrika und Asien (=Historische Sozialkunde 14). Frankfurt am Main.

RIEGER, H. C: (o.J.): Südasien: Welche Krise? In: GANS, O. und E. FRIEDEWALD (1999): Die südostasiatische Wirtschaftskrise. Diagnosen, Therapien und Implikationen für Südasien (= Beiträge zur Südasienforschung 185). Stuttgart: 71-84.

RIEGER, H. C. (o.J.): Erscheinungsbild und Erklärungsmuster der asiatischen Wirtschaftskrise. In: SCHUBERT, R. (Hrsg.) (2000): Ursachen und Therapien regionaler Entwicklungskrisen – das Beispiel der Asienkrise (= Schriften des Vereins für Socialpolitik 276). Berlin: 17-36.

ROTHERMUND, D. (2000): Asien 1929-1999: Von der Weltwirtschaftskrise zur Globalisierung. In: SCHUCHER, G. (Hrsg.): Asien unter Globalisierungsdruck: Politische Kulturen zwischen Tradition und Moderne (=Mitteilungen des Instituts für Asienkunde 323). Hamburg: 17-28.

SCHAMP, E. W. (1993) : Industrialisierung der Entwicklungsländer in globaler Perspektive. Geographische Rundschau 45 (9): 530-536.

SCHUCHER, G. (2000): Asien unter Globalisierungsdruck: politische Kulturen zwischen Tradition und Moderne (=Mitteilungen des Instituts für Asienkunde Hamburg). Hamburg.

SHIN, Y. G. (2004): Soziale Bedingungen rationalen Wirtschaftens. Ein Erklärungsversuch der kapitalistischen Entwicklung und Wirtschaftskrise in Asien und Korea mit Hilfe der Rationalisierungsthese Max Webers. Internet: http://nbn-resolving.de/urn/resolver.pl?urn=urn:nbn:de:kobv:188-2004002794 (25.04.2007).

SPILLMANN, J. (2002): Ursachen und Maßnahmen zur Bewältigung von Währungs- und Finanzkrisen am Beispiel der Asienkrise. Lehren für zukünftige Hilfsprogramme des Internationalen Währungsfonds. Internet: http://nbn-resolving.de/urn/resolver.pl?urn=urn:nbn:de:hbz:467-141 (25.04.2007).

STIGLITZ, J. (2002): Die Schatten der Globalisierung. Berlin.

TERBERGER-STOY, E. (o.J.): Die Rolle der Bankenaufsicht in der Asienkrise. In: GANS, O. und E. FRIEDEWALD (1999): Die südostasiatische Wirtschaftskrise. Diagnosen, Therapien und Implikationen für Südasien (= Beiträge zur Südasienforschung 185). Stuttgart: 27-41.

WEDER, B. (1999): Model, Myth, or Miracel? Reassessing the Role of Governments in the East Asian Experience (=The United Nations University Press). Tokyo, New York, Paris.

WESSEL, K. (1998): Wirtschaftsdynamik und intraregionale Integration in Ost/ Südostasien. Zeitschrift für Wirtschaftsgeographie 42 (3-4): 155-172.